创宝系列
机器人教育普及丛书

my robot time
JIXIE JICHU

机械基础

韩端科技（深圳）有限公司
深圳市启宝教育咨询有限公司　编

中山大学出版社
SUN YAT-SEN UNIVERSITY PRESS
·广州·

图书在版编目（CIP）数据

机器人教育普及丛书. 机械基础 / 韩端科技（深圳）有限公司，深圳市启宝教育咨询有限公司编 . —广州：中山大学出版社，2016.9

ISBN 978 - 7 - 306 - 05806 - 5

（小学创宝系列）

Ⅰ. ①机… Ⅱ. ①韩… ②深… Ⅲ. ①机器人 — 少儿读物 Ⅳ. ① TP242-49

中国版本图书馆 CIP 数据核字（2016）第 203871 号

出 版 人：徐　劲
策划编辑：李　文
责任编辑：李　文
封面设计：曾　斌
责任校对：李　文
责任技编：黄少伟
出版发行：中山大学出版社
电　　话：编辑部 020 - 84110779，84111996，84111997，84113349
　　　　　发行部 020 - 84111998，84111981，84111160
地　　址：广州市新港西路 135 号
邮　　编：510275　　传真：020 - 84036565
网　　址：http://www.zsup.com.cn　　E-mail: zdcbs@mail.sysu.edu.cn
印 刷 者：佛山市浩文彩色印刷有限公司
规　　格：787mm × 1092mm　　1/16　　6 印张　　150 千字
版次印次：2016 年 9 月第 1 版　　2016 年 9 月第 1 次印刷
定　　价：60.00 元

学生用书

STEAM

Science [科学]

在组装的过程中自然而然学习到科学原理！通过玩游戏可提高创意性和科学思考的机器人套装。

Technology [技术]

亲手做想象中的机器人！利用发动机、传感器等各种配件，合理制作机器人程序组装属于自己的机器人，可以提高探索能力和应用能力。

Engineering [工程]

一套教具课重复使用组装不同的机器人，使用全新六面体模块。

Art & Mathematics [艺术&数学]

与朋友或者家人一起分享教育用的机器人套装，通过娱乐教学，提高孩子们的表达能力、动手能力及社交能力。

学生信息

学生姓名	
学　号	
学习工具	
级　别	
开始日期	

课时	日期	话题	模型	内容	评分
1		a		✓了解各部件的名称和功能 ✓简单部件组装	
		b		猫 ✓机器人种类	
		c		✓你还认识哪些机器人？ ✓制作机器人	
		d		眼镜	
2		a		✓杠杆原理	
		b		多功能机械臂 ✓重心、杠杆	
		c		跷跷板	
3		a		✓机器人是什么？	
		b		F-15战斗机 ✓弹力	
		c		三轮车	

课时	日期	话题	模型	内容	评分
4		a		✓机器人历史	
		b		投石器 ✓机器人三定律	
		c		阿帕奇武装直升机	
5		a		✓摩擦	
		b		海盗船	
		c		格斗士	
6		a		✓未来机器人 ✓动力传递	
		b		水车	
7		a		✓机器人魔法盒——主板	
		b		我是体操运动员 ✓机器人的大脑——MCU	
8		a		✓机器人远程控制	
		b		小型赛车	

课时	日期	话题	模型	内容	评分
9		a		✓ 如何使用遥控器 阿凡达直升机	
10		a		✓ 远程操控原则	
		b		唐吉诃德	

目录

目录

1. 认识模块及部件

模块　　※ 部分模块的形状和颜色可能与实际产品有所差异，请以实际产品为准。

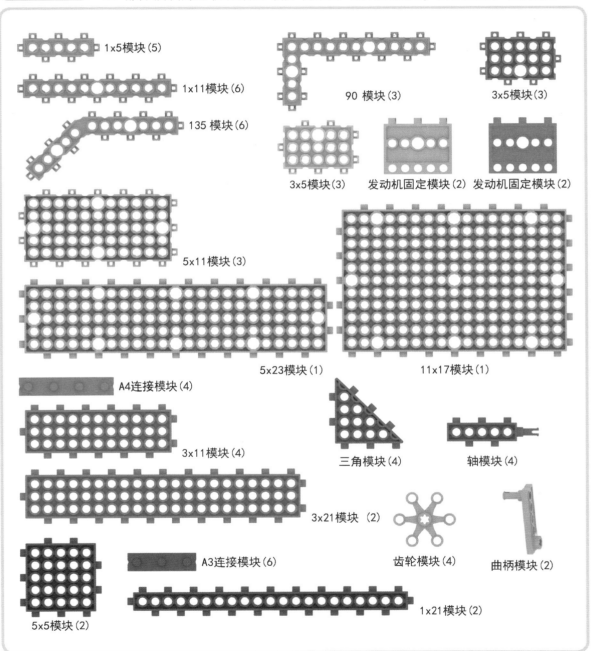

1x5模块 (5)

1x11模块 (6)

135 模块 (6)

90 模块 (3)

3x5模块 (3)

3x5模块 (3)

发动机固定模块 (2)

发动机固定模块 (2)

5x11模块 (3)

5x23模块 (1)

11x17模块 (1)

A4连接模块 (4)

3x11模块 (4)

三角模块 (4)

轴模块 (4)

3x21模块 (2)

齿轮模块 (4)

曲柄模块 (2)

5x5模块 (2)

A3连接模块 (6)

1x21模块 (2)

框架/连接框架

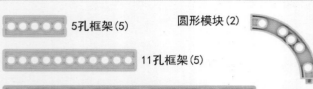

5孔框架(5)　圆形模块(2)

11孔框架(5)

21孔框架(2)

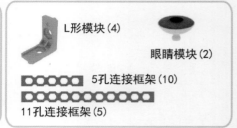

L形模块(4)

眼睛模块(2)

5孔连接框架(10)

11孔连接框架(5)

轴/护帽

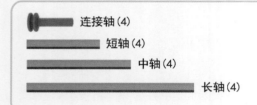

连接轴(4)

短轴(4)

中轴(4)

长轴(4)

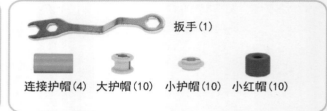

扳手(1)

连接护帽(4)　大护帽(10)　小护帽(10)　小红帽(10)

齿轮/轮胎

引导轮(2)　红色轮子(2)　小轮子(2)

软胶模块(2)

电子零部件

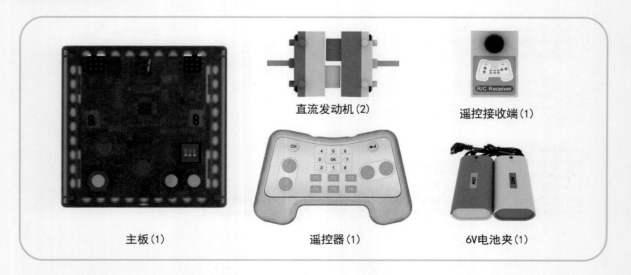

直流发动机(2)　　遥控接收端(1)

主板(1)　　遥控器(1)　　6V电池夹(1)

2. 模块的组装方法和用途

模块的特点

※ 模块的各个侧面有着不同数量的凸点。
　 组装时要注意这些凸点的方向及数量。

模块之间的组装方法

模块的侧面凸点和其他模块的圆孔可以任意组装/组合。
（模块的中间部分有稍微大一点的孔，这个孔是用来组装直流发动机的。）

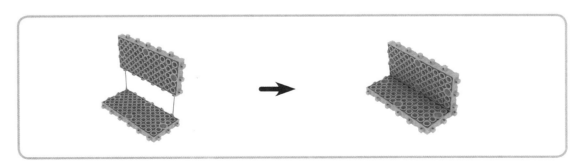

※模块90°指成90°的L型模块

※模块135°指成135°的模块

使用连接框架组装

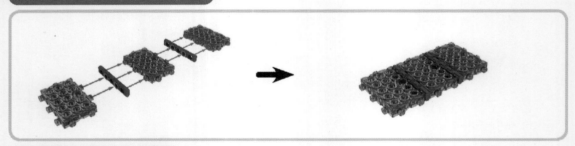

※使用连接框架的注意事项

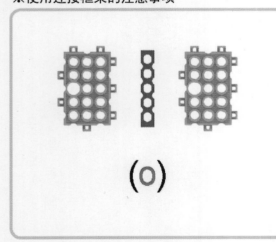

(o)

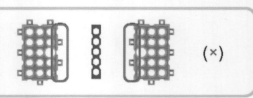

(×)

如果两边凸点数都是单数或双数，
则这两个模块不能用连接框架组装。

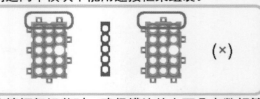

(×)

连接框架组装时，确保模块的上下凸点数相等。

模块和框架的组装方法

※组装模块和框架时，确保模块的所有凸点都能嵌入框架的孔中。

组装轴和护帽

※按顺序组装

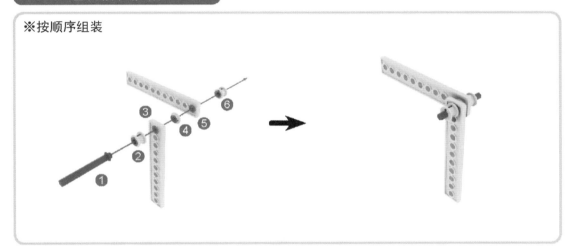

组装直流发动机和连接护帽

※连接护帽用于将轴连接到发动机上，并可使轴变得更大。

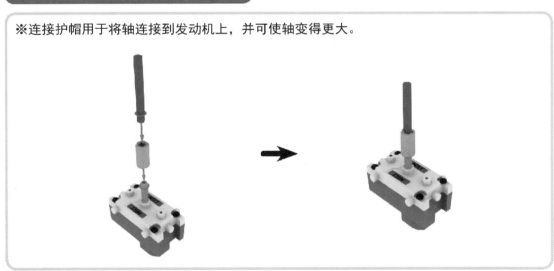

直流发动机和轮子的组装方法

※请按顺序依次组装。

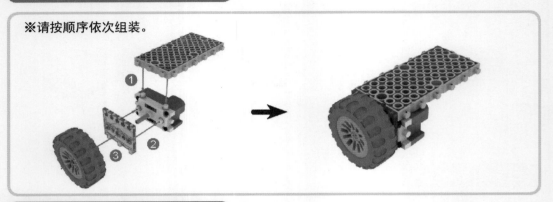

模块和L形模块的组装方法

※组装L形模块的时候，请一定要先组装带有（▲）标记的面！

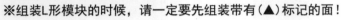

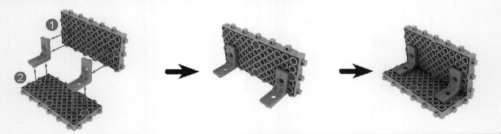

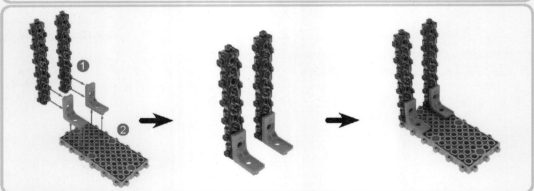

轴的特点

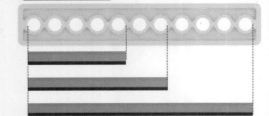

11孔框架

短轴（5个孔的间距）

中轴（7个孔的间距）

长轴（11个孔的间距）

第一课　机器人的种类

工业用机器人

摩托车制造机器人

电子产品制造机器人

汽车制造机器人

服务型机器人

清洁机器人

警卫机器人

人型机器人

想一想，我们周边都有哪些机器人？它们都属于哪个种类？

1. 猫

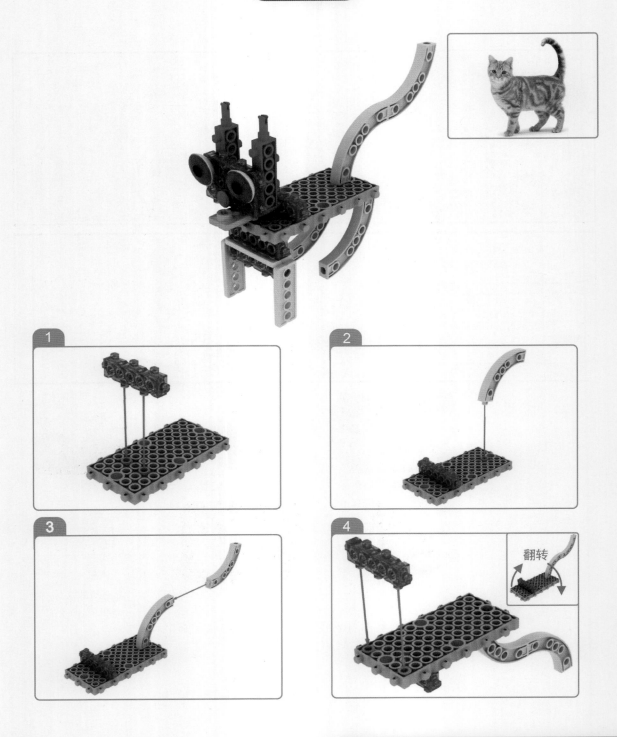

5

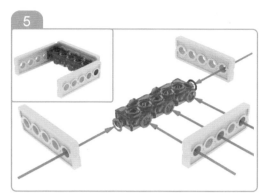

6

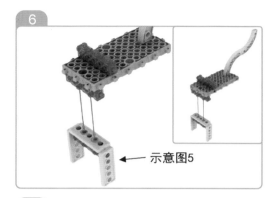

示意图5

7

翻转

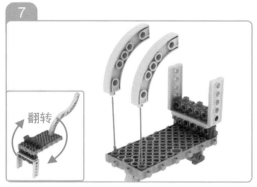

8

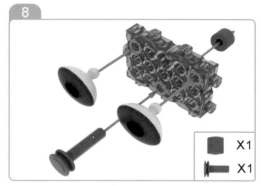

X1

X1

9

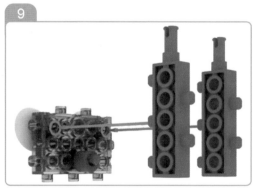

10

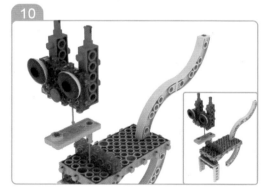

OK

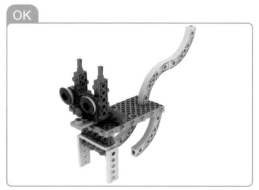

2.你还认识哪些机器人?

（　　　　　）机器人

（　　　　　）机器人

（　　　　　）机器人

（　　　　　）机器人

3. 机器人的制作

♣ 以下图片所显示的是什么机器人？

①

②

③

④

4. 眼镜

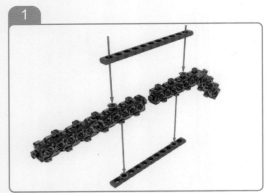

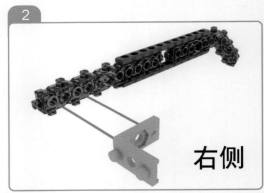

右侧

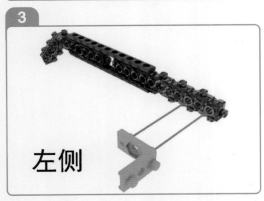

左侧

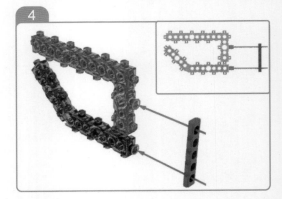

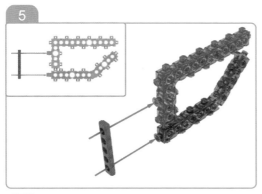

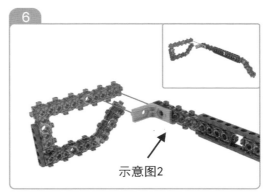

示意图2

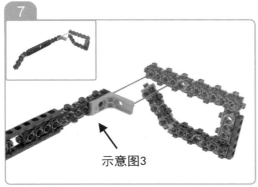

示意图3

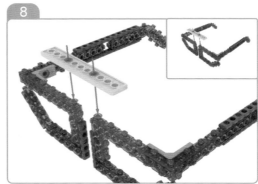

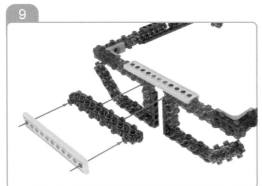

3D成像

第二课　杠杆原理

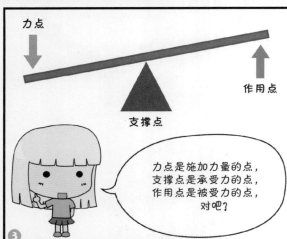

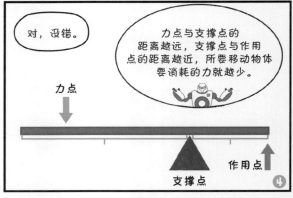

1. 多功能机械手臂

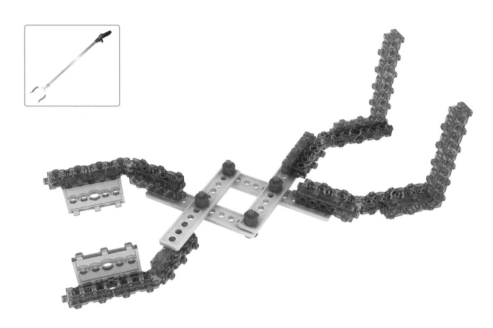

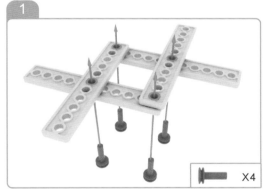

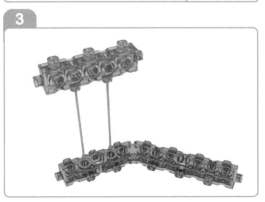

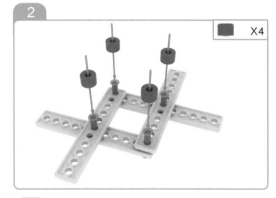

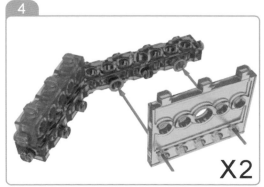

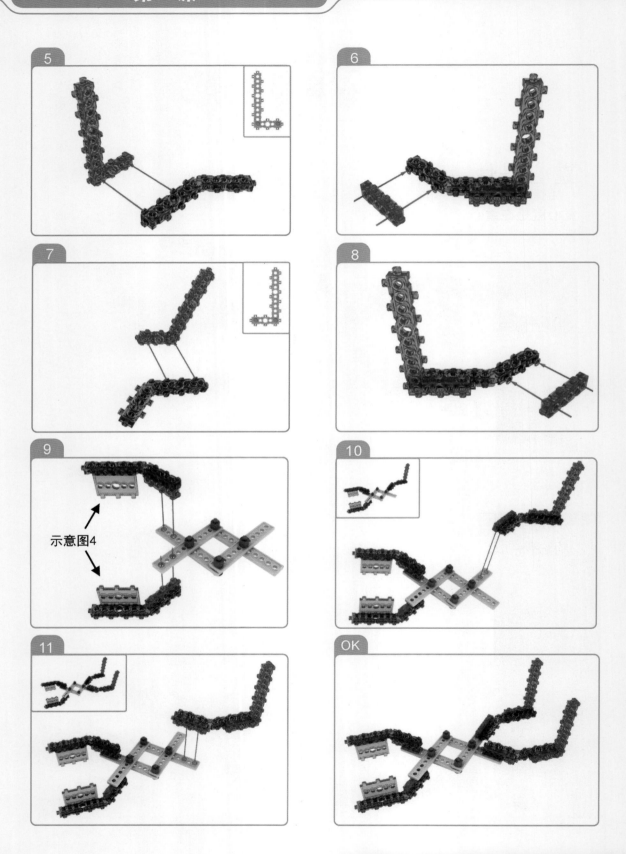

示意图4

2.重心、杠杆

重心是什么？

重心就是在重心场中物体的重力均匀分布的合力通过的那一点，
重心与人与物保持平衡有关。

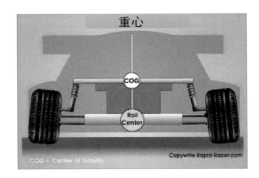

杠杆类型

种类	原理	例子	日常生活中的应用
一类杠杆	阻力 动力 支点		
二类杠杆	动力 阻力 支点		
三类杠杆	阻力 动力 支点		

3. 跷跷板

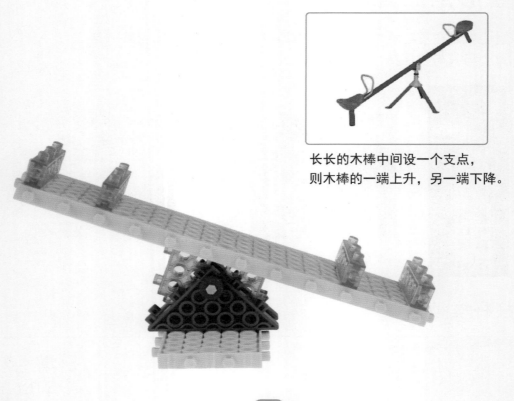

长长的木棒中间设一个支点，
则木棒的一端上升，另一端下降。

1

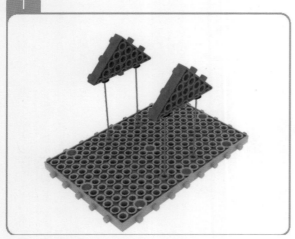

2

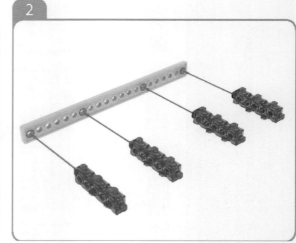

3

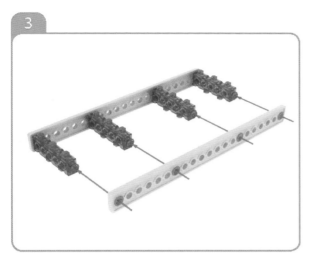

4

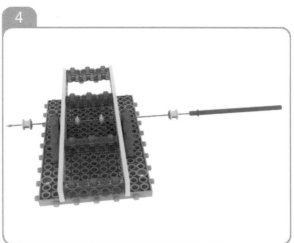

5

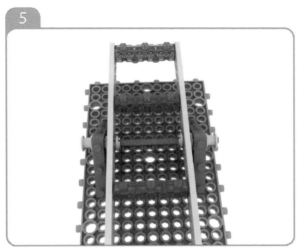

6

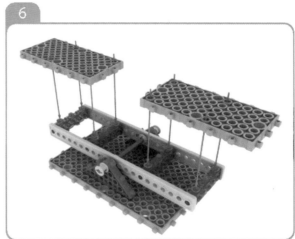

OK

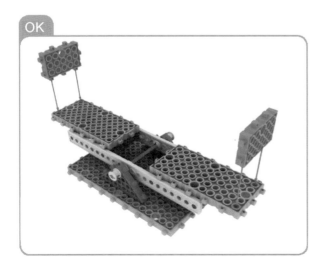

第三课 机器人是什么?

1. F-15 战斗机

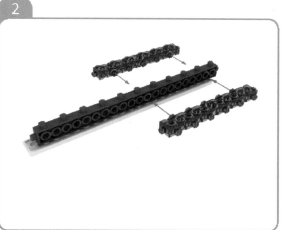

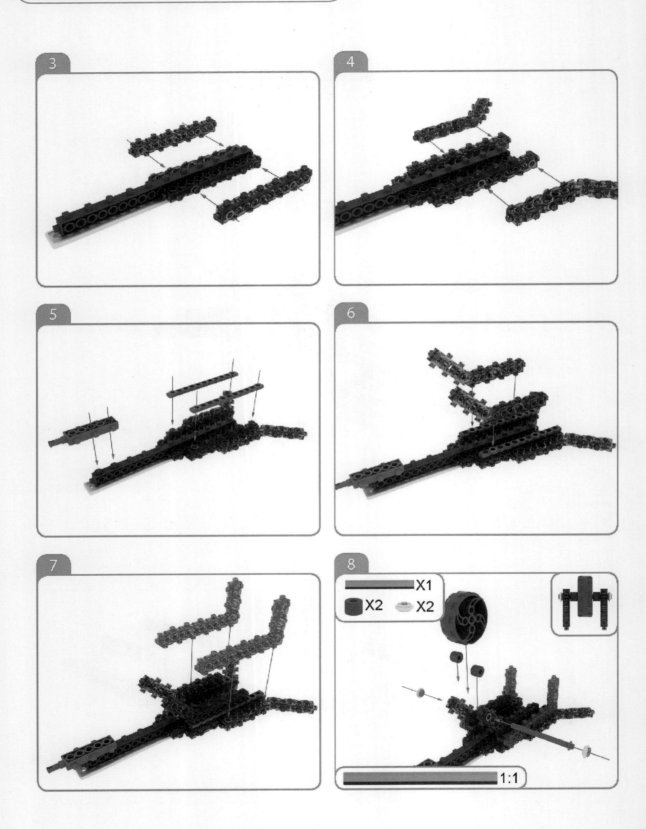

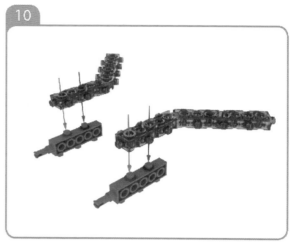

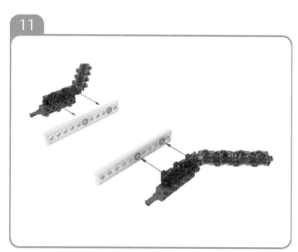

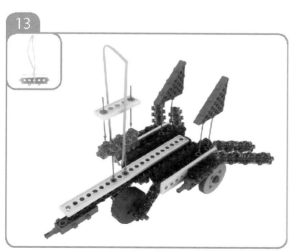

※把橡皮筋挂到下面的齿轮模块上往后拖一下再放开的话，战斗机会往前移动。

2. 弹力

弹力是指物体受外力作用后仍可恢复原状的力。

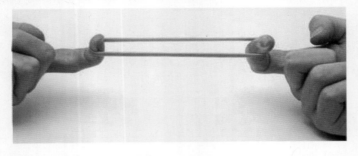

橡皮筋弹力强并可积蓄能量，可用于为模型提供动力。

橡皮筋拉长时能量的积蓄：飞机的螺旋桨。

橡皮筋拉长时能量的积蓄：弹弓。

橡皮筋弹性越强，厚度越厚，弹力越大。

弹力的其他例子

弹簧
储存和缓冲机械能。

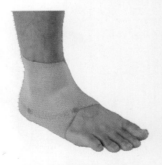

弹性踝托
减轻踝关节压力。

3. 三轮车

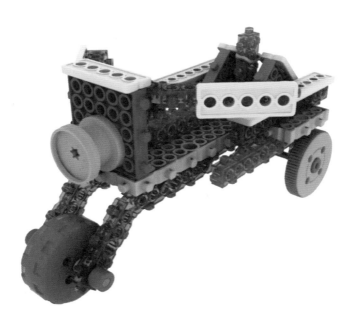

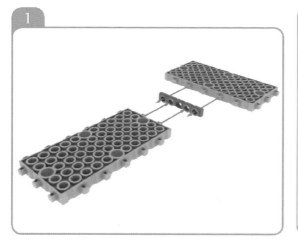

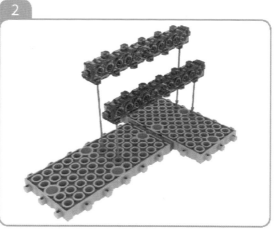

3

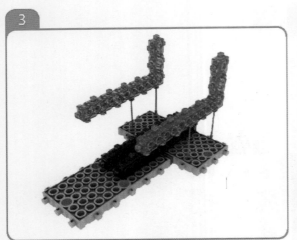

4

X1　X2

X1

1:1

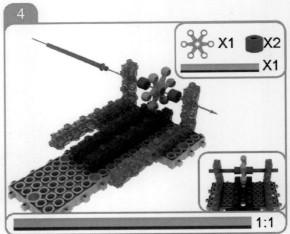

5

X2

6

X2

X1

1:1

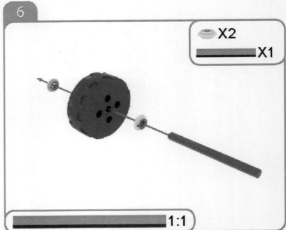

7

X2

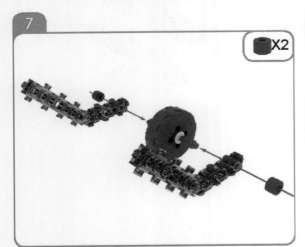

8

翻转

9

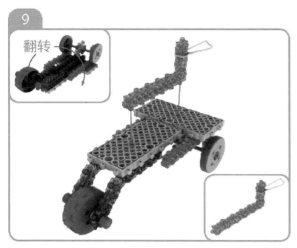

翻转

10

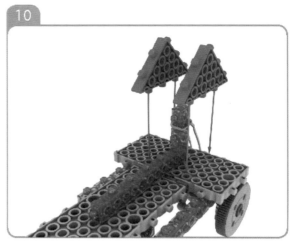

11

翻转

12

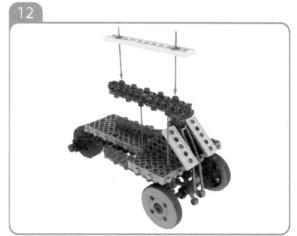

13

翻转

14

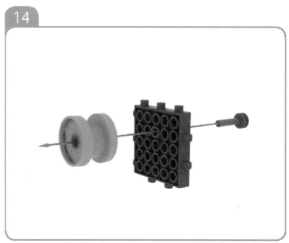

15

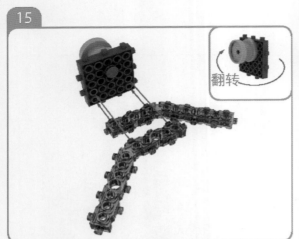

翻转

16

翻转

17

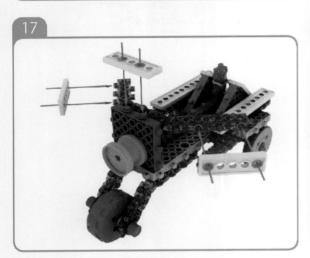

OK

※把橡皮筋挂到下面的齿轮
模块上往后拖一下再放开的话,
会往前移动。

第四课　机器人历史

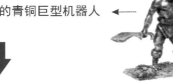

古希腊神话中的青铜巨型机器人 ←

公元前1世纪：
巴克斯神庙的移动雕像

13世纪：
出现机器自动化操作的鸡

1739：法国人瓦坎森设计了
锯齿轮的机器鸭

1773：瑞士人杰克使用锯齿轮和
螺旋形弹簧创造了会写字的机器人

1942：艾克 阿莫西
提出机器人三大定律

2004：韩国科学技术学院发明了
机器人Hubo

2000：日本本田发明
机器人阿西莫

1996：类人型机器人

1961：工业机器人的首次应用

1. 投石器

投石器是用来向远处投弹，
并不需用到爆破装置。

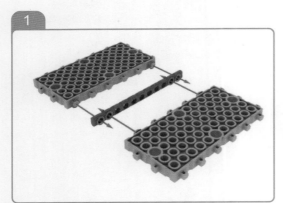

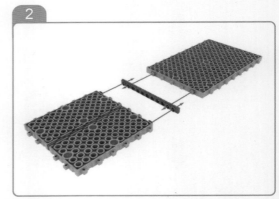

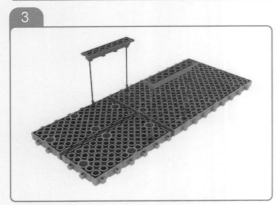

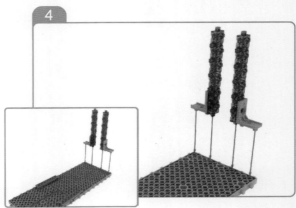

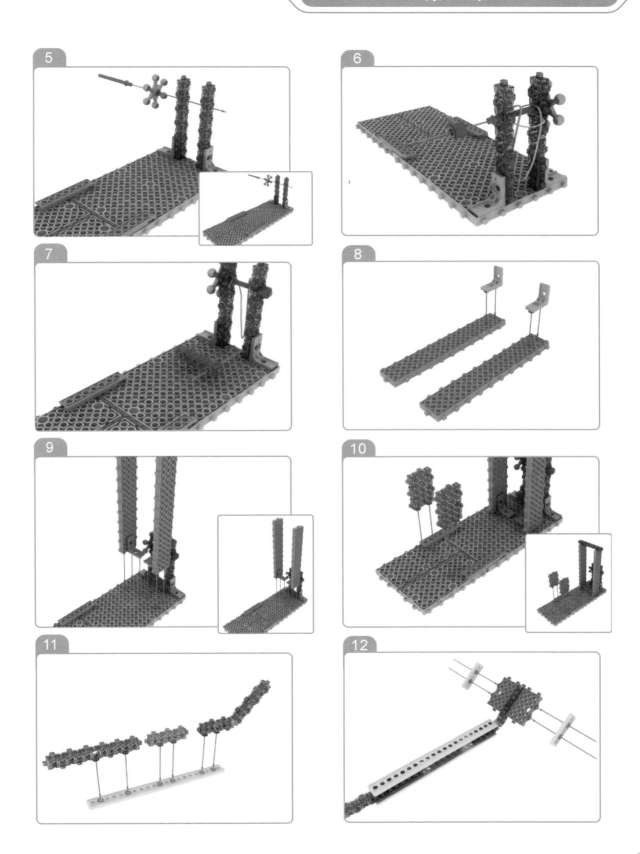

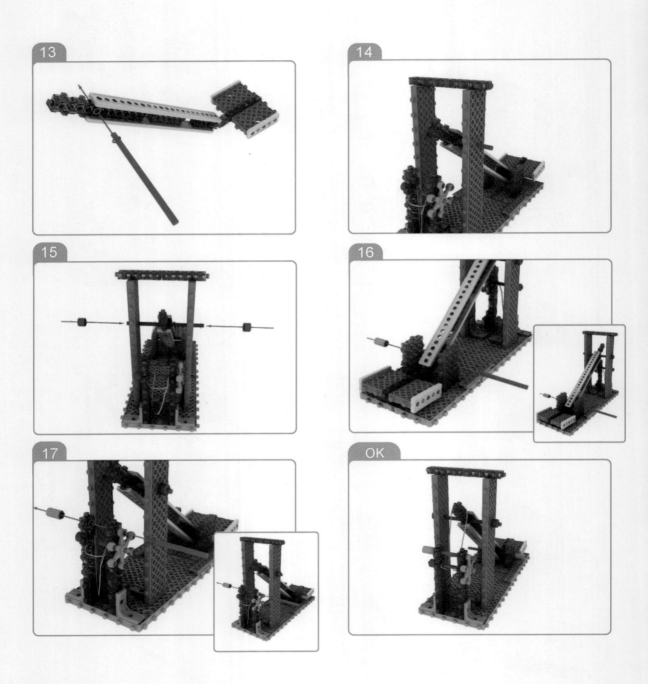

2. 机器人三大定律

机器人三大定律由俄罗斯作家艾萨克·阿西莫于1942年提出。

1. 机器人不得伤害 ⬚
也不得见人受到伤害而袖手旁观。

2. 机器人应该 ⬚ 人的一切命令，
但不得违反第一定律。

3. 机器人应 ⬚ 自身安全，
但不得违反第一、第二定律。

3. 阿帕奇武装直升机

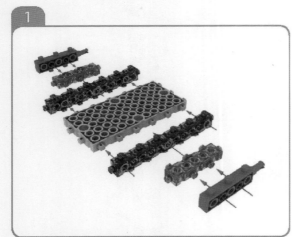

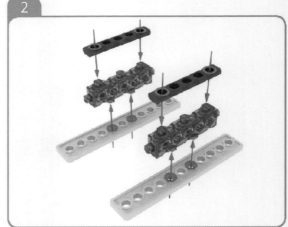

3

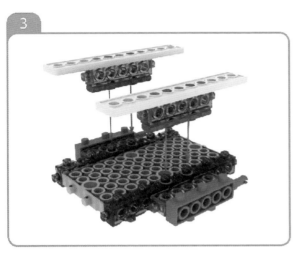

4

5

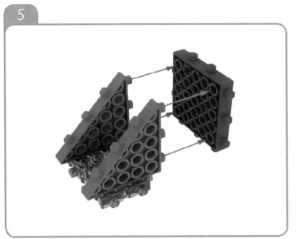

6

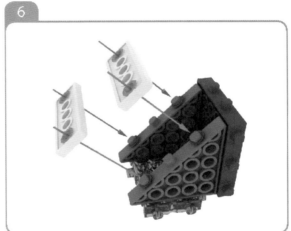

7

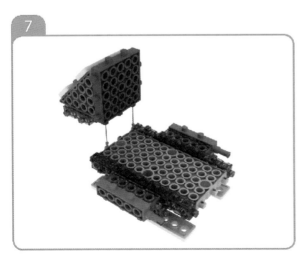

8

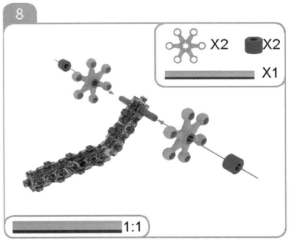

1:1

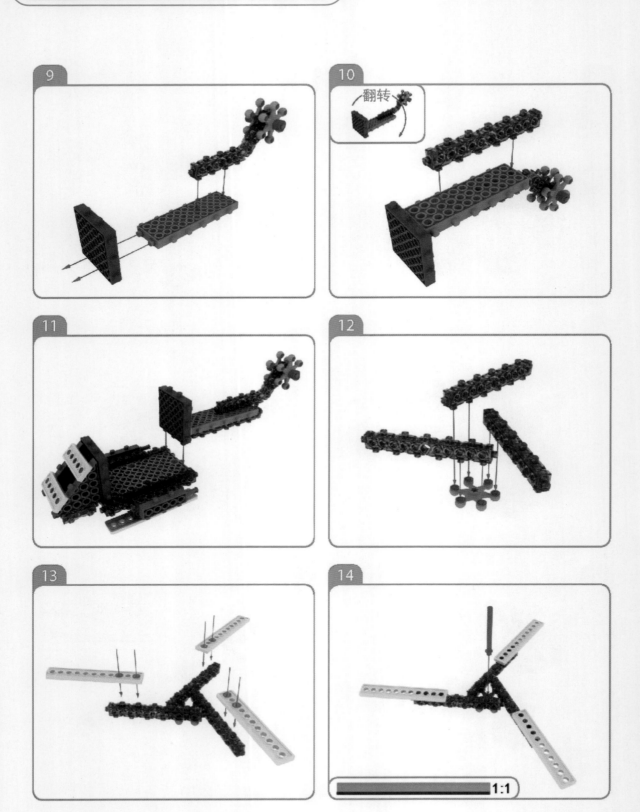

翻转

15

X1 X1

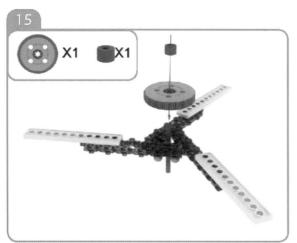

16

17

18

X2

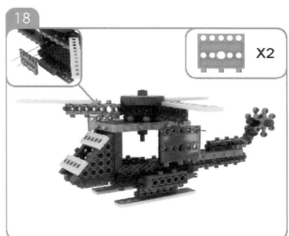

19

X2

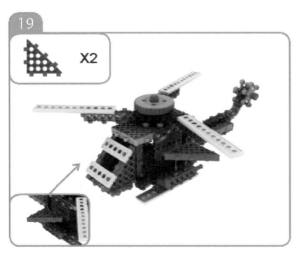

OK

第五课　摩擦

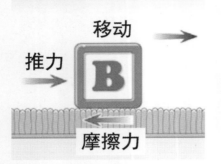

移动

推力

摩擦力

摩擦力是两个滑动或即将滑动的物体表面接触产生的力。

摩擦力的属性

摩擦的方向和物体的运动方向（　　　　）。
摩擦力的大小用（　　　　）来衡量。

日常生活中的摩擦力的例子

肥皂轻易的滑动
（摩擦力弱）

在有雪的路上撒沙子
（增强摩擦力）

轮胎和道路之间的摩擦力
（使得汽车前进）

脚和地板之间的摩擦力
（使得人可以前进）

1. 海盗船

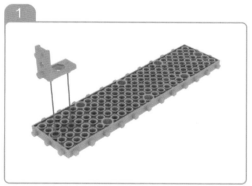

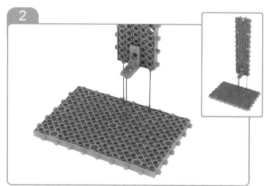

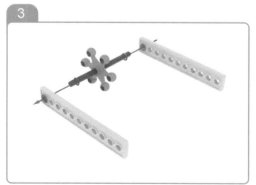

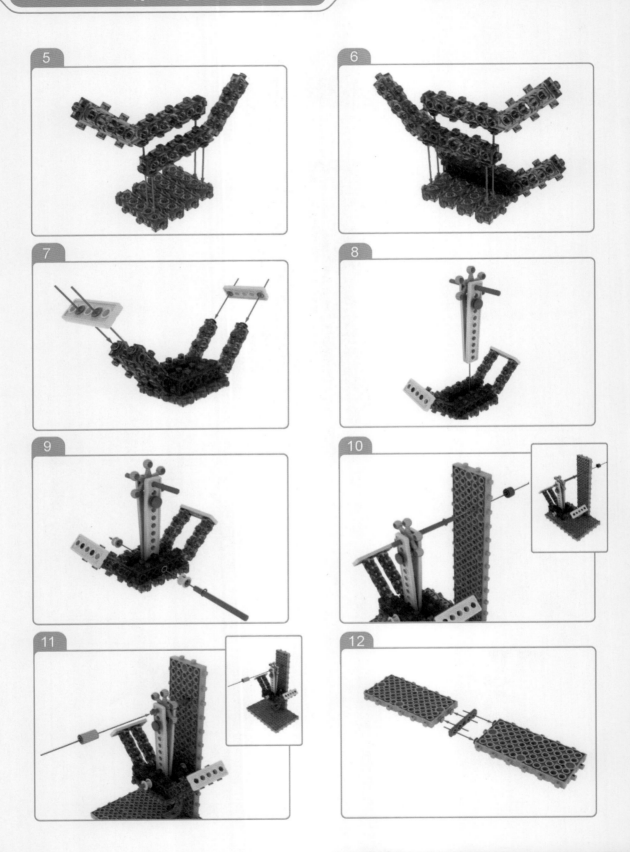

13
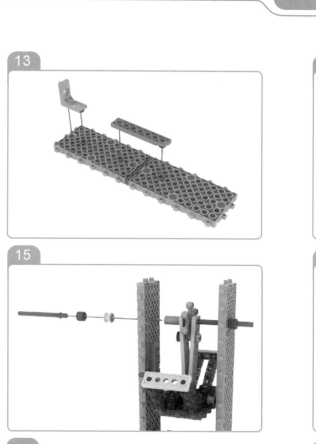

14
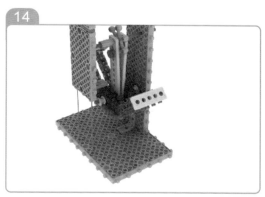

15

16
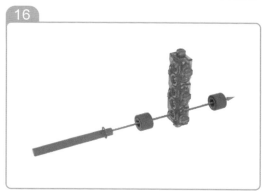

17

18

19

20

2. 格斗士

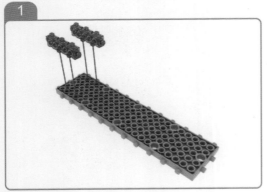

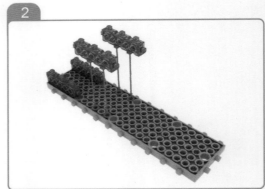

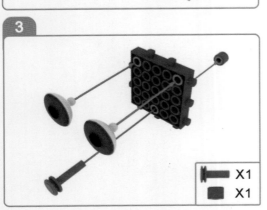

X1
X1

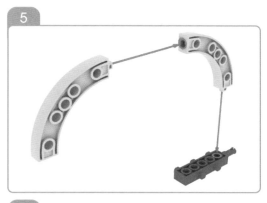

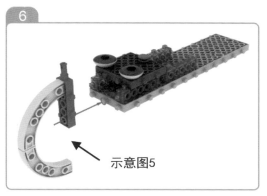

示意图5

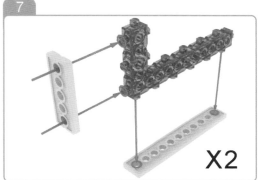

X2

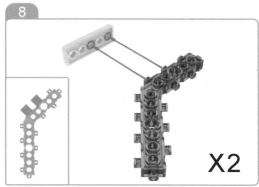

X2

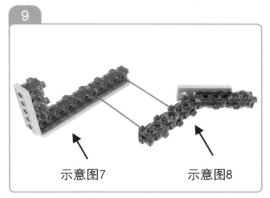

示意图7　　　示意图8

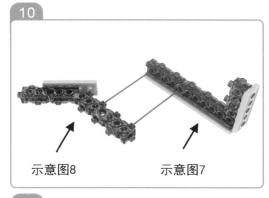

示意图8　　　示意图7

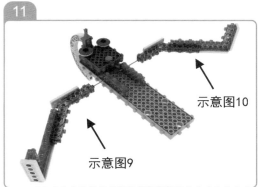

示意图10

示意图9

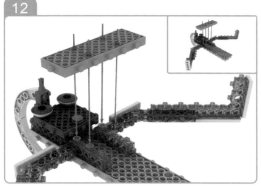

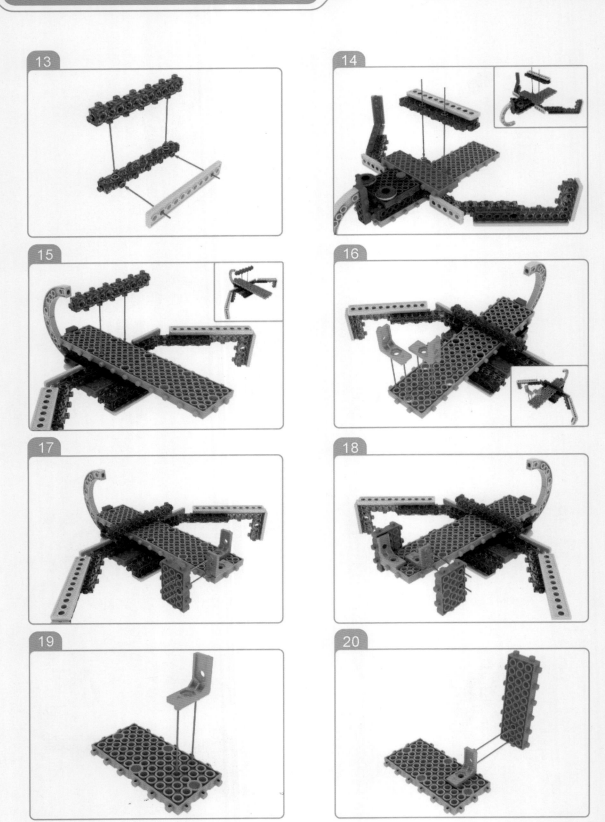

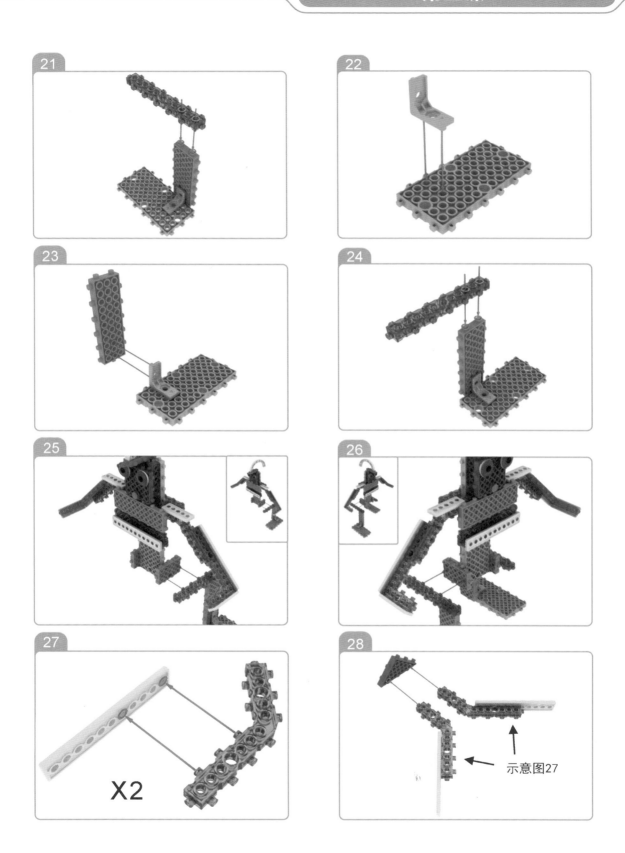

示意图27

29

30

31

长轴

剑

| 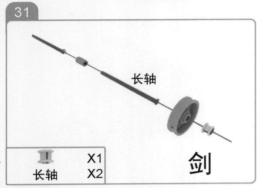 | X1 |
| 长轴 | X2 |

32

示意图31

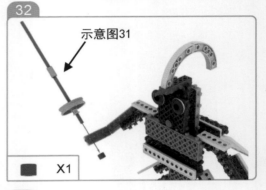

| | X1 |

33

| | X2 |
| 短轴 | X1 |

短轴

盾

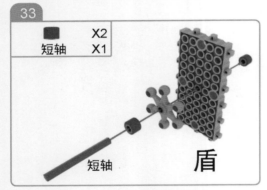

34

示意图33

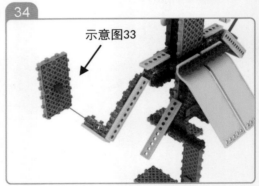

OK

第六课　未来机器人

[　　　　　]机器人是有机物和机械零件的组合体，使用人造技术来增强有机体的功能，比如，装上心脏起搏器的机器人，称为"赛博格"。

[　　　　　]机器人和人的基本结构相似，都有两只胳膊两条腿和一个脑袋，类人机器人未必和真人一模一样。例如，ASIMO类人机器人只有头盔，并没有脸。

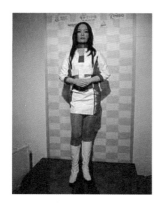

[　　　　　]机器人看起来很像人类，身体上的肌肤触感都相似，安卓机器人不仅可以改变面部表情，还能挥舞手脚、弯曲身体。

1. 动力传送

动力传递是在进行作业时，能量传递的过程。
机械装置的动力传递的完成包含以下部件。

护帽

齿轮

传送带

链条

2. 水车

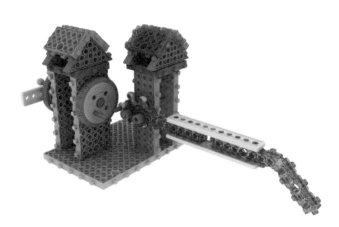

水车是使用水轮或涡轮驱动机械运动的装置。

1

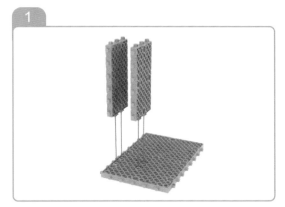

2

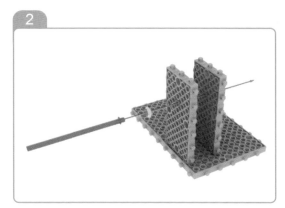

3

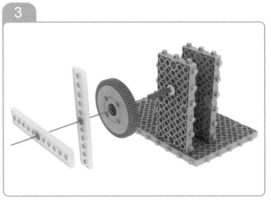

4

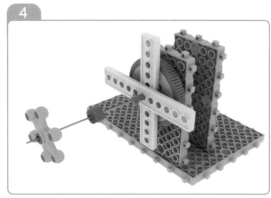

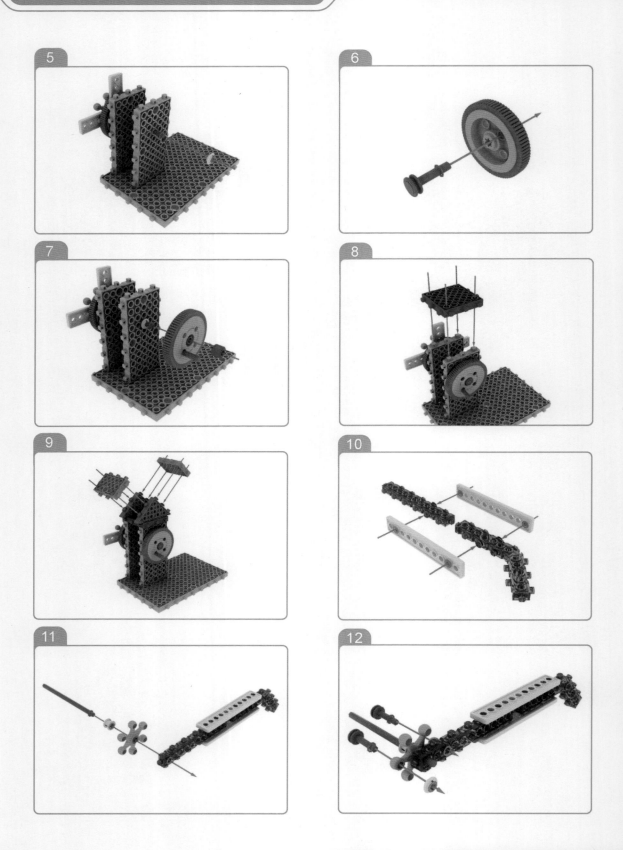

13
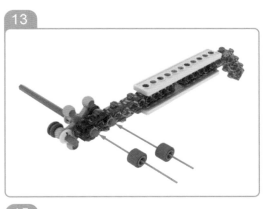

14
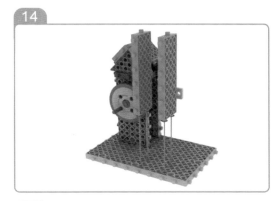

15
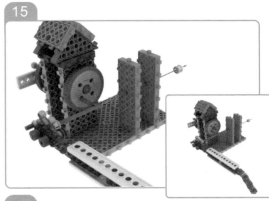

16
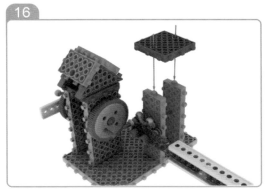

17

18
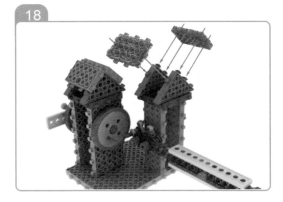

OK

第七课 机器人魔法盒——主板

1. 如何使用电子主板?

主板/各部位的功能

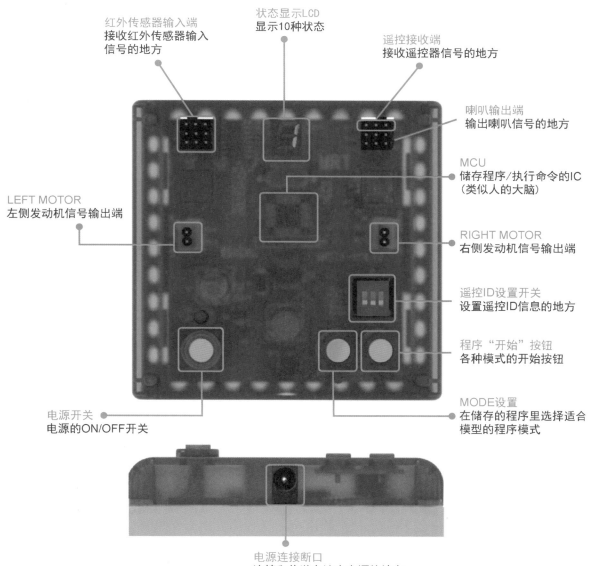

红外传感器输入端
接收红外传感器输入
信号的地方

状态显示LCD
显示10种状态

遥控接收端
接收遥控器信号的地方

喇叭输出端
输出喇叭信号的地方

MCU
储存程序/执行命令的IC
(类似人的大脑)

LEFT MOTOR
左侧发动机信号输出端

RIGHT MOTOR
右侧发动机信号输出端

遥控ID设置开关
设置遥控ID信息的地方

程序"开始"按钮
各种模式的开始按钮

电源开关
电源的ON/OFF开关

MODE设置
在储存的程序里选择适合
模型的程序模式

电源连接断口
连接和传送电池夹电源的地方

模式设置

1. 按下MODE设置键时屏幕上的数字会随着状态进行变换。
2. 选好模式后按下"开始"按钮，再放开；这样就可以操作机器人了。

FREE MOVE

遥控

线追踪

闪避

跟踪

悬崖识别

触碰

遥控+红外线

遥控+触碰

遥控(R)

遥控接收端

※ 3P电线的黑色线要对准主板插口上的⊖标记部分。

遥控接收端
接收遥控器发出的红外信号，
再把这个信号转换为输入信号的作用。

2. 我是体操运动员

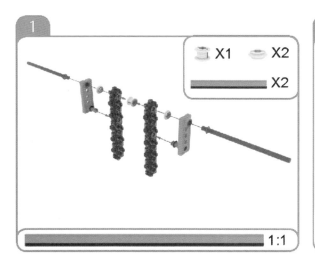

1

X1 X2

X2

1:1

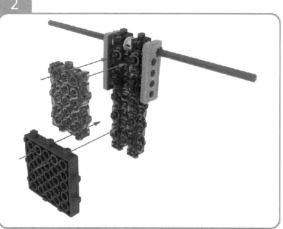

2

3

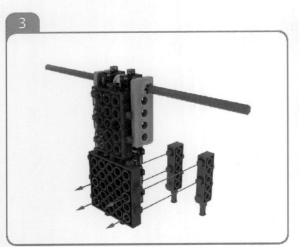

4

X2
X2

5

X1 X2

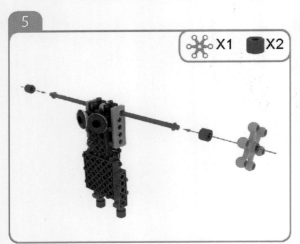

6

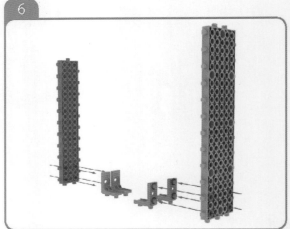

7

8

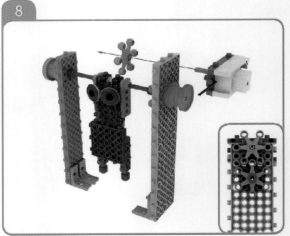

9
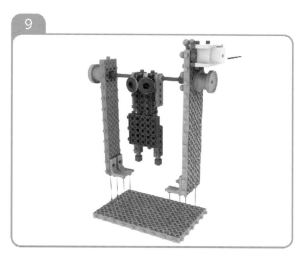

10
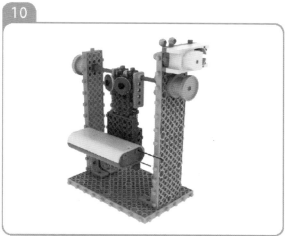

11
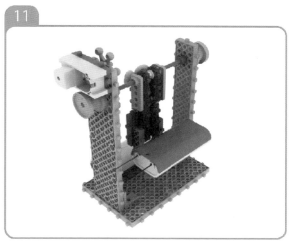

12
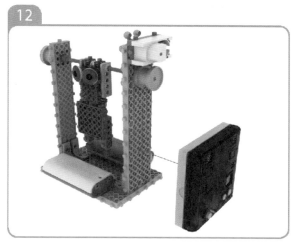

OK

操作方法

连接主板

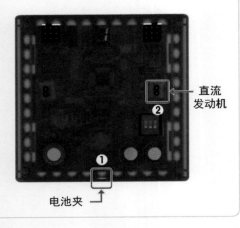

直流
发动机

电池夹

按图片里面的顺序依次连接。
1. 把电池夹连接到POWER连接端口上。
2. 把直流发动机连接到RIGHT-MOTOR连接断口上。

模式设置

1. 确认电池夹/直流发动机是否连接正确。
2. 打开电源开关。
3. 按MODE设置按钮，将模式设置成下列图示。

MODE #1		*8*	FREE MOVE 模式

4. 按开始按钮，启动机器人。

竞技/游戏

※ 按下START键的话，机器人会像体操选手一样来回翻跟斗。

3. 机器人的大脑——MCU

MCU是Micro Controller Unit的略写，是控制机器人行为动作的装置，为了使机器人完成规定动作而储存并执行一些命令程序。

〈1号模式〉
向前前进5圈，
向后后退5圈，
右边轮子旋转5圈。

MCU

〈2号模式〉
右边轮子一直旋转。

〈3号模式〉
左边轮子一直旋转。

利用主板制作一个自己的机器人。

第八课　机器人远程操控

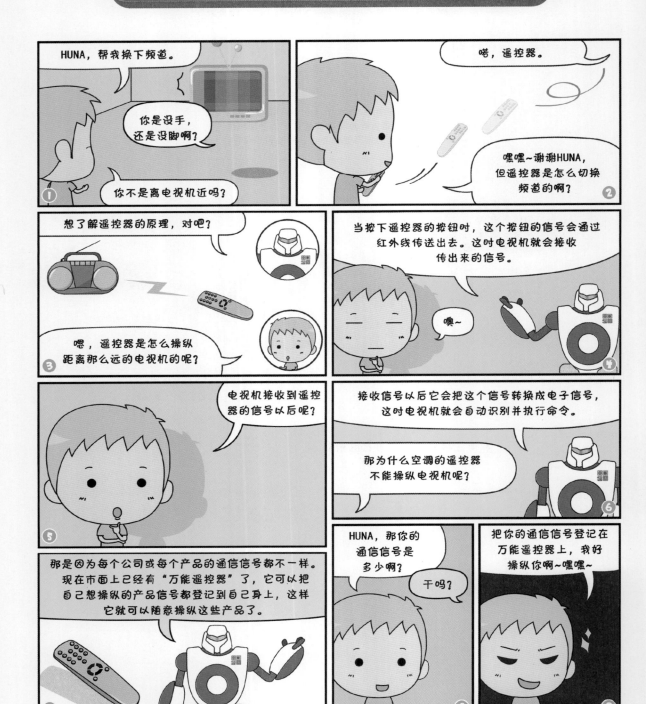

1. 小型赛车

1

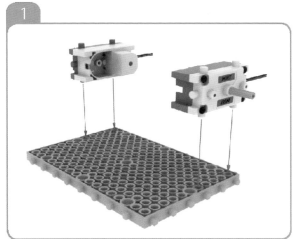

2

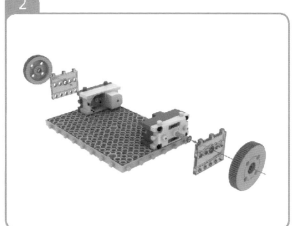

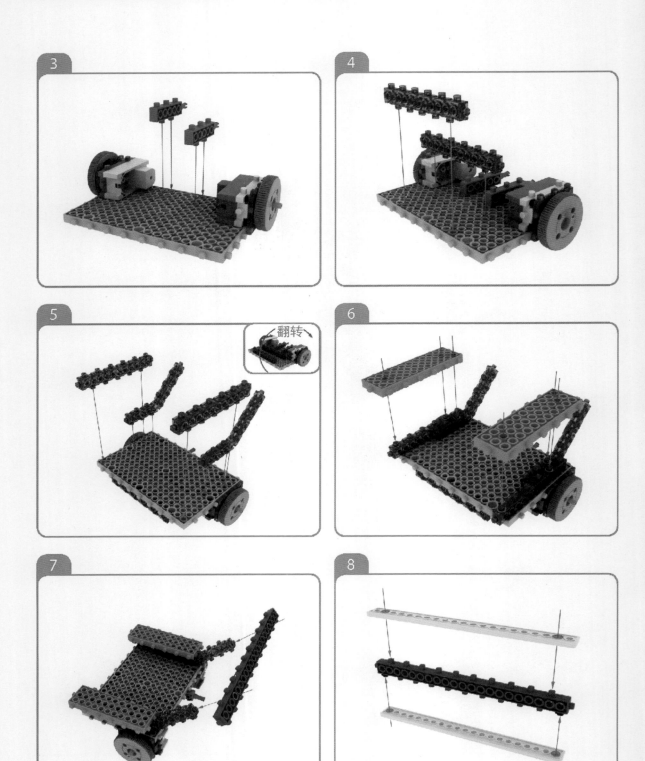

翻转

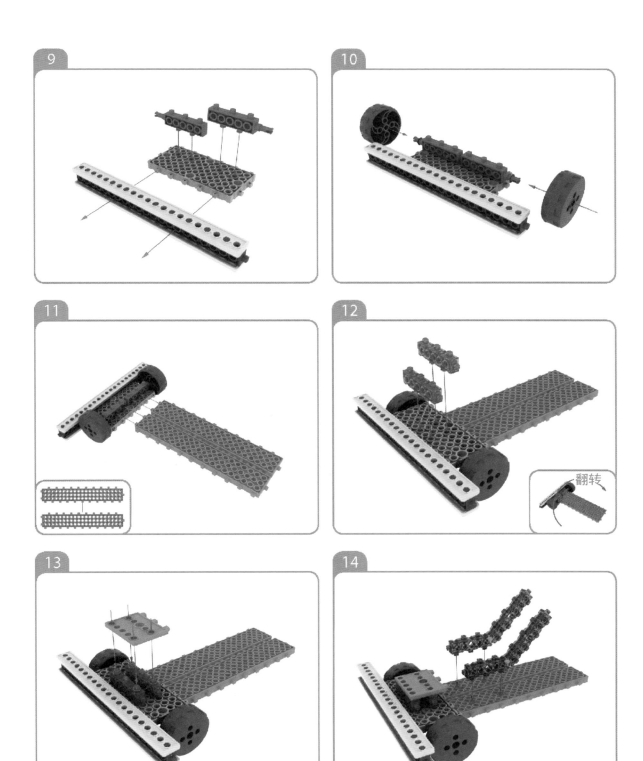

翻转

15
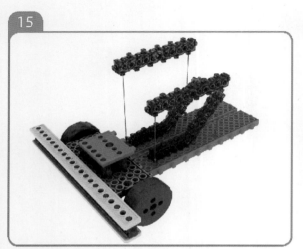

16
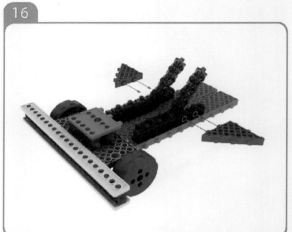

17
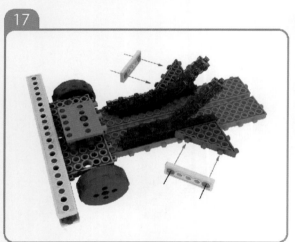

18

19
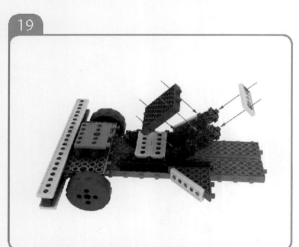

20

21

翻转

22

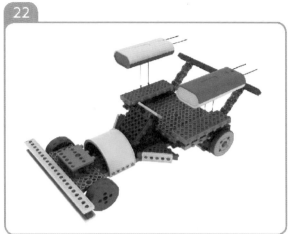

23

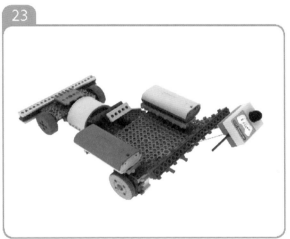

24

OK

操作方法

连接主板

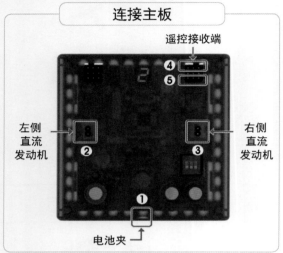

遥控接收端

左侧
直流
发动机

右侧
直流
发动机

电池夹

按图片里面的顺序依次连接。

1. 把电池夹连接到POWER连接端口上。
2. 把左侧直流发动机连接到LEFT-MOTOR连接端口上。
3. 把右侧直流发动机连接到RIGHT-MOTOR连接端口上。
4. 把遥控器接收端连接到R/C连接端口上。

模式设置

1. 确认电池夹/直流发动机是否连接正确。
2. 打开电源开关。
3. 按MODE设置按钮，将模式设置成下列图示。

MODE #2		遥控器模式

4. 设置遥控器的ID。
5. 按开始按钮，启动机器人。

竞技/游戏

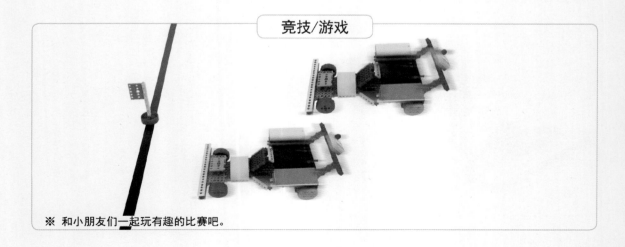

※ 和小朋友们一起玩有趣的比赛吧。

第九课　如何使用遥控器

遥控器的结构

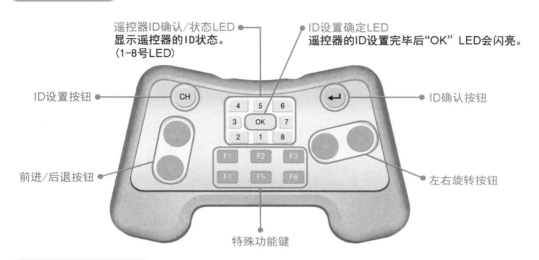

遥控器ID确认/状态LED
显示遥控器的ID状态。
（1-8号LED）

ID设置确定LED
遥控器的ID设置完毕后"OK" LED会闪亮。

ID设置按钮

ID确认按钮

前进/后退按钮

左右旋转按钮

特殊功能键

遥控器ID设置方法

① 打开机器人的电源开关。（ON位置）

② 把机器人的模式设置成2号。（如图所示）

③ 按 ↵ 按钮时，在A区会显示当前的ID。

④ 在按住 ↵ 按钮的同时，再按 CH 按钮，可以选择任意ID（1-8种）。
这时A区的LED会亮起。

⑤ 选种ID后防开 ↵ 按钮，用 CH 按钮最终设置。

⑥ OK 按钮闪烁三次，则说明已完成遥控器ID设置。

⑦ 按 ↵ 按钮，可确认当前设置的ID状态。

※ 若ID设置失败，请重复1-7步骤。

通信ID设置方法

※ 使用主板和遥控器，最多可以设置出8种互不受干扰的模式。以下图表表示8种ID模式。

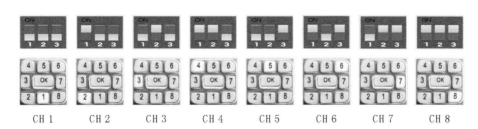

CH 1	CH 2	CH 3	CH 4	CH 5	CH 6	CH 7	CH 8

1. 阿凡达直升机

1:1

3

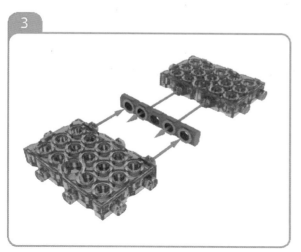

4

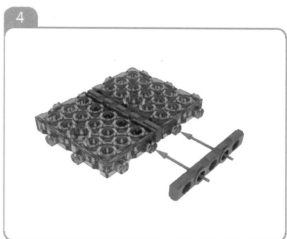

5

6

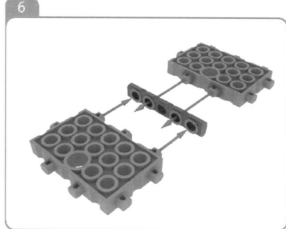

7

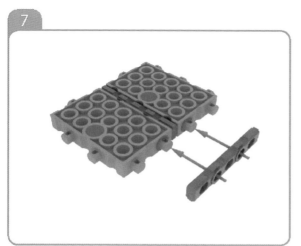

8

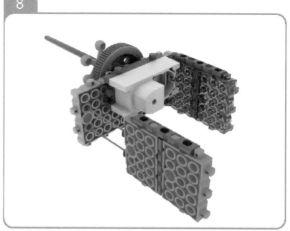

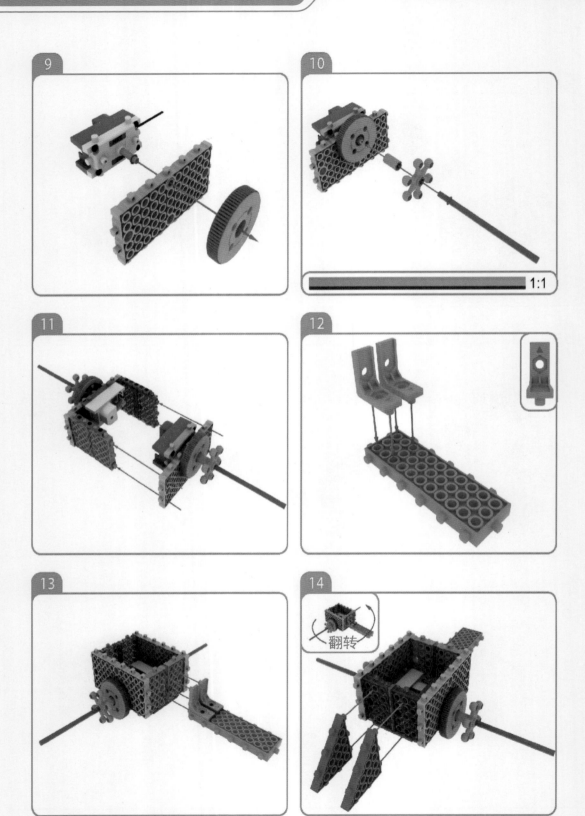

9

10

1:1

11

12

13

14

翻转

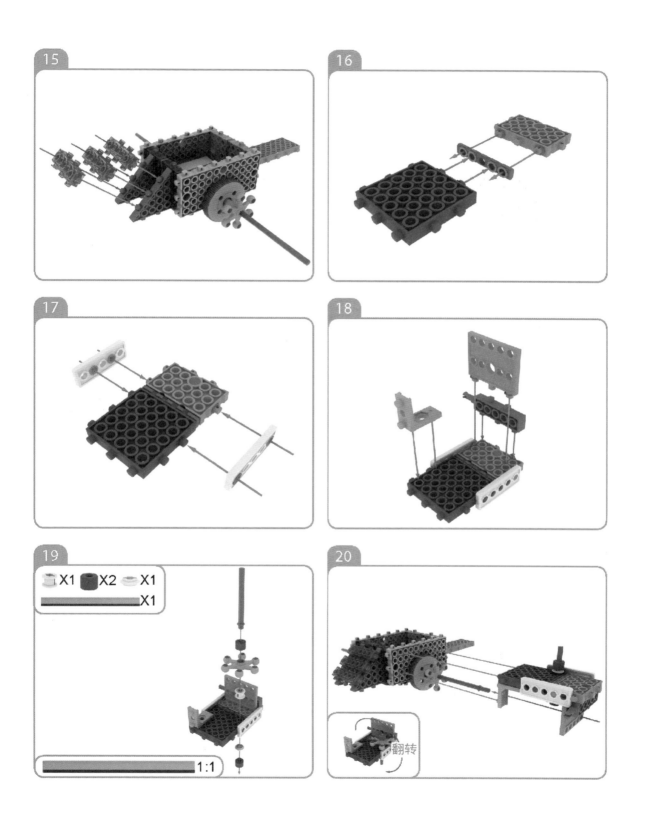

27

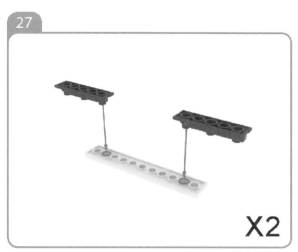

X2

28

X2

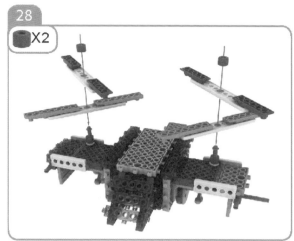

29

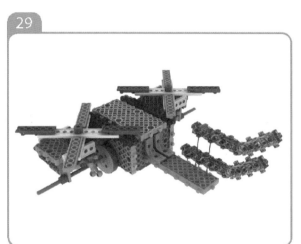

30

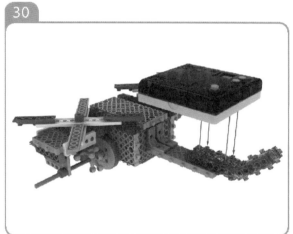

31

32

X2

X1

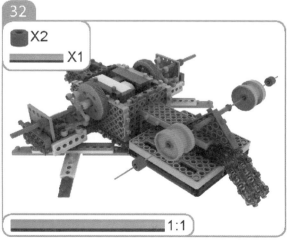

1:1

33

34
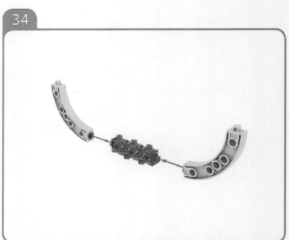

35

36
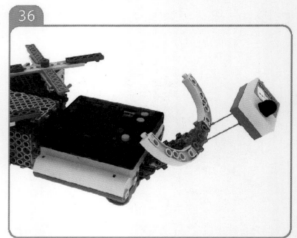

OK

操作方法

连接主板

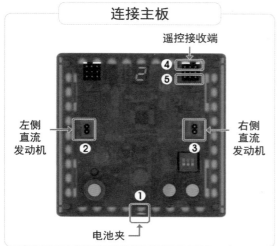

遥控接收端

④
⑤

左侧
直流
发动机

右侧
直流
发动机

②　③

电池夹

按图片里面的顺序依次连接。

1. 把电池夹连接到POWER连接端口上。
2. 把左侧直流发动机连接到LEFT-MOTOR连接端口上。
3. 把右侧直流发动机连接到RIGHT-MOTOR连接端口上。
4. 把遥控器接收端连接到R/C连接端口上。

模式设置

1. 确认电池夹/直流发动机是否连接正确。
2. 打开电源开关。
3. 按MODE设置按钮，将模式设置成下列图示。

MODE #2		遥控器模式

4. 设置遥控器的ID。
5. 按开始按钮，启动机器人。

竞技/游戏

※ 用遥控器前、后、左、右遥控时，两侧的螺旋桨也会跟着一起旋转。

第十课　遥控器原理

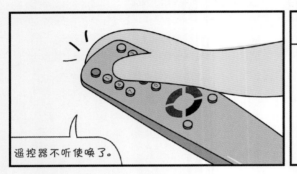

红外线发出信号

调小音量

打开电视

切换频道

接收红外线信号

原来，挡住红外线的话
就不能把信号传过去啊。

现在对遥控器有了
更多的了解吧？

利用遥控器可以给机器人下哪些命令呢？

1. 堂吉诃德

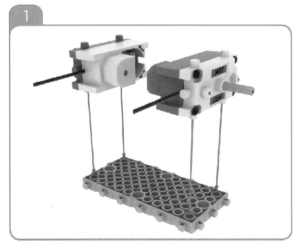

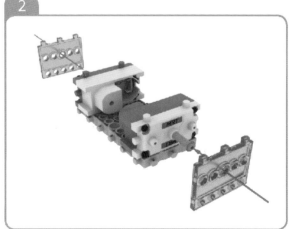

3

4

5

6

7

8

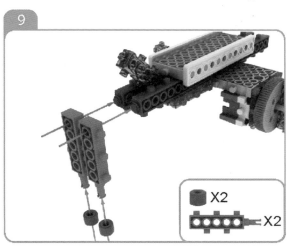

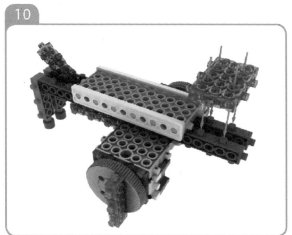

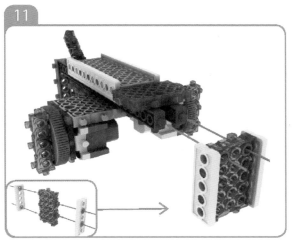

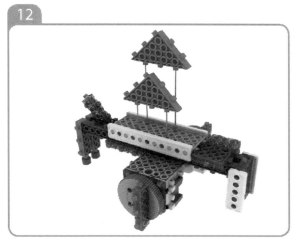

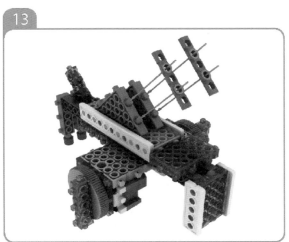

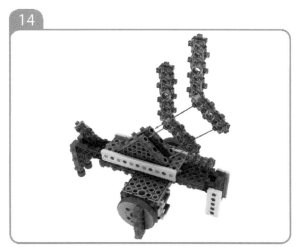

15

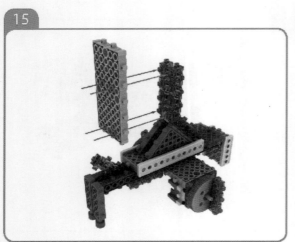

16

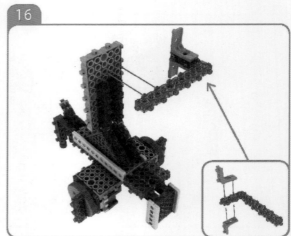

17

18

19

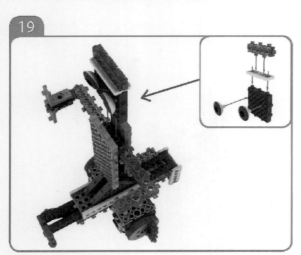

20

21

22

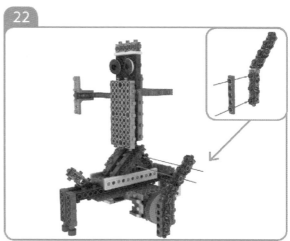

23

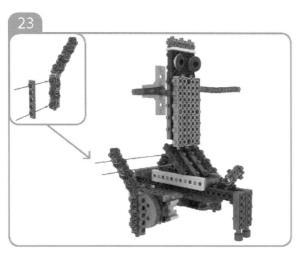

24

X3 X1
X3

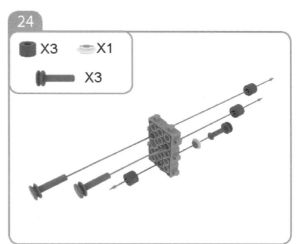

25

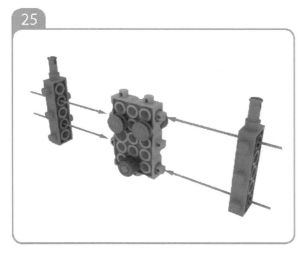

26

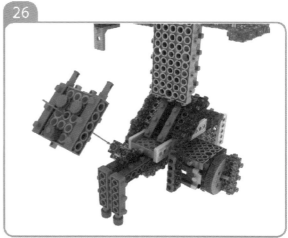

27

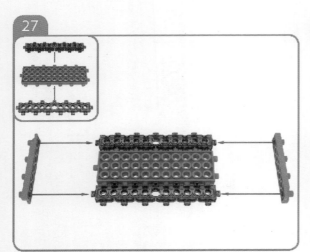

28

29

30

31

32

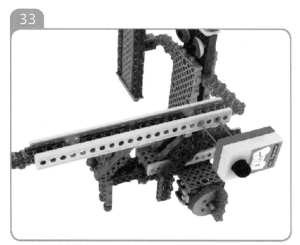

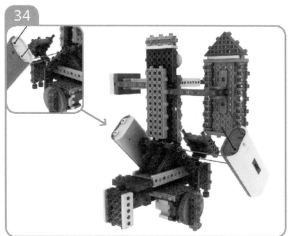

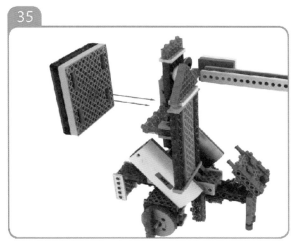

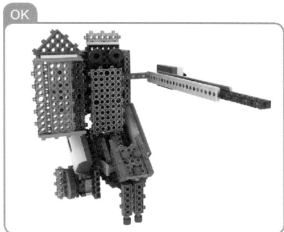

操作方法

连接主板

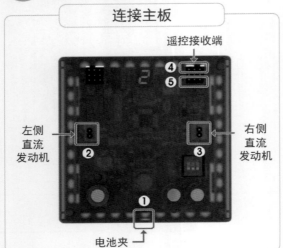

遥控接收端

④
⑤

左侧
直流
发动机

右侧
直流
发动机

②
③

①

电池夹

按图片里面的顺序依次连接。

1. 把电池夹连接到POWER连接端口上。
2. 把左侧直流发动机连接到LEFT-MOTOR连接端口上。
3. 把右侧直流发动机连接到RIGHT-MOTOR连接端口上。
4. 把遥控器接收端连接到R/C连接端口上。

模式设置

1. 确认电池夹/直流发动机是否连接正确。
2. 打开电源开关。
3. 按MODE设置按钮，将模式设置成下列图示。

MODE #2		遥控器模式

4. 设置遥控器的ID。
5. 按开始按钮，启动机器人。

竞技/游戏

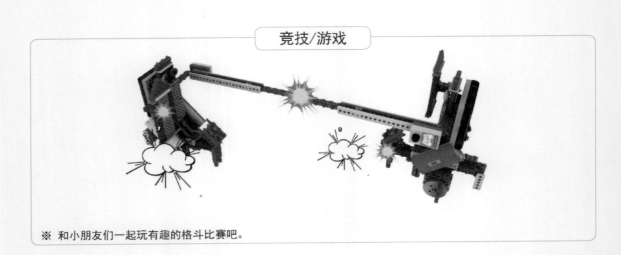

※ 和小朋友们一起玩有趣的格斗比赛吧。